TERRARIUM

迷你植物园

玻璃瓶微景观制作与养护

（日）靓丽出版社（Boutique-Sha）编

刘琳 译

U0261247

化学工业出版社

·北京·

OSHARENA SHOKUBUTSUEN TERRARIUM (Boutique Mook No. 1354)

Copyright © 2017 Boutique-sha, Inc.

All rights reserved.

Original Japanese edition published by Boutique-sha, Inc., Tokyo.

This Simplified Chinese language edition is published by arrangement with Boutique-sha, Inc., Tokyo in care of Tuttle-Mori Agency, Inc., Tokyo through Inbooker Cultural Development (Beijing) Co., Ltd., Beijing.

北京市版权局著作权合同登记号：01-2020-2783

图书在版编目（ＣＩＰ）数据

迷你植物园 ： 玻璃瓶微景观制作与养护 / 日本靓丽出版社编 ；
刘琳译. — 北京 ： 化学工业出版社，2020.8
ISBN 978-7-122-37259-8

Ⅰ．①迷… Ⅱ．①日… ②刘… Ⅲ．①观赏园艺 Ⅳ．①S68

中国版本图书馆CIP数据核字（2020）第110416号

责任编辑：林　俐　刘晓婷　　　　　　　　　　　　　　　　装帧设计：卡古鸟设计
责任校对：刘　颖

出版发行：化学工业出版社（北京市东城区青年湖南街 13 号　邮政编码 100011）
印　　装：北京瑞禾彩色印刷有限公司
787mm×1092mm　1/16　　印张 5½　　字数 150 千字　　2020 年 9 月北京第 1 版第 1 次印刷

购书咨询：010-64518888　售后服务：010-64518899
网　　址：http://www.cip.com.cn
凡购买本书，如有缺损质量问题，本社销售中心负责调换。

定　　价：49.00 元　　　　　　　　　　　　　　　　　　　　　版权所有　违者必究

What is
Terrarium ?

什么是玻璃瓶微景观

　　玻璃瓶微景观是室内植物装饰的一种形式，是在玻璃等透明容器中栽培放置植物和装饰品打造出妙趣横生的小景观。

　　一个微景观就是一座室内迷你植物园，并且任何人都可以轻松完成。适合在玻璃容器中栽培的植物种类非常丰富，从植物小白也能轻松上手的空气凤梨到只需稍加照顾就能生长良好的苔藓、多肉植物、仙人掌类等都可以选择。微景观的装饰材料也很多样，有漂流木、石头、贝壳、小摆件等，可根据个人喜好自由选择。制作完成后的微景观不仅可以用来装饰房间，也可以作为礼物送给他人，收到礼物的朋友一定会非常惊喜。接下来就请跟随本书一起来体验制作微景观的乐趣吧。

Buriki no Zyoro

（马口铁）

作品 **001-014**

玻璃瓶中的世界

　　玻璃瓶微景观作为一种能够充分发挥想象、体现自我世界的室内装饰，正在受到越来越多人的喜爱。微景观中常用的多肉植物、空气凤梨、苔藓等生长缓慢，养护管理省时省力，这也是微景观越来越受欢迎的一个原因。

　　如何在有限的小空间里再现脑海中的画面，如何使用植物材料打造出一件艺术品呢?

　　我在制作微景观作品的时候，首先会确定使用什么容器，然后再挑选与之匹配的植物。挑选容器的过程非常愉快，一旦容器确定了，似乎就已经可以看到微景观完成时的样子了。

　　可以使用的容器并不局限于微景观专用的玻璃容器，储藏食品的密封罐以及生活中常见的玻璃容器都可以使用。请大胆尝试利用这些容器、喜欢的植物，以及漂流木、装饰石、干花等多种材料制作出属于自己的微景观吧。透过玻璃你将会看到植物与众不同的一面。

　　如果通过我对微景观作品的介绍，能帮助你为植物创造一个更适合其生存的环境，并享受到微景观所带来的乐趣，我将会感到十分荣幸。

店铺信息

东京都目黑区自由丘3-6-15

10:00~19:00（全年无休）

TOKYO FANTASTIC OMOTESANDO

（东京梦幻表参道）

作品 015-026

TOKYO FANTASTIC CMOTESANDO（东京梦幻表参道）是汇集了众多日本手工艺品牌的生活方式店，其经营理念为"享受日本之旅！"。

其中 Tida Flower 专注于为客户提供有关鲜花、干花和绿植的创意方案。这里每天都会制作出很多独一无二的原创花艺作品。此外店里还有一些珍贵的植物品种，保存在药剂瓶中的干花作品，以及能够为生活增添韵味的绿植作品。

小时候我喜欢在田间摘花，然后将生长在大自然的美丽花草带回家。正是这种孩提时的愉快记忆成为创办这家店铺的出发点。

我们的微景观设计通常都会借鉴灌木丛或森林中的自然风景。微景观可以把大自然的风景完美地封存在玻璃容器中，非常适合作为室内装饰。一边欣赏这些小小的瓶中世界，一边想象这小世界中发生的故事，这是一件多么令人欢欣雀跃的事情啊。

店铺信息
东京都港区南青山3016-6
12:00～19:00（每周三休息）

GREEN BUCKER

（绿色支持者）

作品 **027-039**

　　玻璃瓶微景观作为一种室内观赏绿植的创意应用，极具人气。

　　每个花店里都摆放着各式各样的玻璃瓶微景观。虽然店里出售的微景观精美绝伦，但收集自己喜欢的素材，然后按照自己的方式制作出一个原创的微景观应该会更加有趣。

　　用于制作微景观的素材会根据植物不同而有所变化，平时可以收集一些坚果、贝壳、布、皮革、生锈的金属配件如钉子等，放在可爱的瓶子里。

　　这次介绍的微景观是空气凤梨与干花的创意组合，其中干花为微景观增添了亮丽的色彩。空气凤梨的养护管理非常简单，一定要尝试一下。

PIANTA×STANZA

（皮安塔 × 斯坦扎）

作品 040-051

　　微景观是将植物放入玻璃瓶中进行养护和观赏，如果再加入一些小装饰品，会让观赏者联想出一个个生动的小故事。

　　玻璃瓶微景观装饰方法多样，可以一字排开，也可以上下叠放，还可以悬挂起来，这也是玻璃瓶微景观的趣味所在。观赏方法也与普通盆栽不同，可从上方俯视全貌，也可从侧面观赏。

　　玻璃瓶微景观不同于一般室内装饰品，它由有生命的植物构成，所以不要忘记养护管理。如果能够根据植物的喜好选择一个合适的摆放场所，则养护起来就会轻松许多。

　　每个人都可以制作属于自己的独一无二的"迷你花园"。如果通过我们展示的玻璃瓶微景观作品，能够让您利用日常生活中常见的玻璃容器将植物引入生活，我们会感到非常高兴。

店铺信息
东京都中央区新川1-9-3
rigunaterasu东京1F
11:00～20:00（每周四休息）

· TERRARIUM ·
BOOK
目录

前言　什么是玻璃瓶微景观

上篇　基础篇

下篇　实例篇

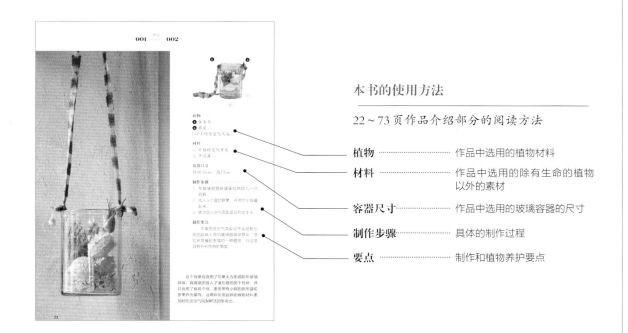

本书的使用方法

22~73页作品介绍部分的阅读方法

植物 ········· 作品中选用的植物材料

材料 ········· 作品中选用的除有生命的植物以外的素材

容器尺寸 ········· 作品中选用的玻璃容器的尺寸

制作步骤 ········· 具体的制作过程

要点 ········· 制作和植物养护要点

基础篇

基本工具

下图中是制作玻璃容器微景观会用到的工具，有了这些工具制作就会事半功倍。其中镊子、漏斗、刷子是必备工具。

① **铲子**

用来将砂土装入容器。前端开口较宽的小铲子适用于多肉植物，要尽量选用小型的铲子。

② **漏斗**

用于将砂土放入较为狭窄的空间。可将闲置的塑料文件袋卷起来制成简易的漏斗，并且前端的开口可根据需要进行调节，十分方便。

③ **喷壶**

用于给空气凤梨或苔藓均匀补充水分。推荐使用喷头较为细长且可伸入容器中的喷壶。

④ **浇水壶**

给多肉植物或仙人掌植物浇水时使用。最好使用可将喷嘴伸入容器中的弯嘴壶。

⑤ **剪刀**

修剪植物的枝叶或者整理苔藓的形状时使用。推荐使用细长的剪刀，使用起来非常方便。

⑥ **镊子**

用于将材料放入容器中以及整理微景观布局。可根据容器口大小及容器深度选择合适的镊子。

⑦ **刷子**

用于清除粘附在容器或植物上的土壤及灰尘。可根据具体的用途选择大小，较小的毛刷使用更加方便。

MATERIAL

基本材料

制作玻璃容器微景观的材料主要分为两种，一种是植物种植、生长所必需的材料，另一种是能够使微景观看起来更加美观的装饰材料。

必需材料

① 树皮

本书中使用的是切割成碎屑的树皮。树皮具有良好的保水性，经常与苔藓搭配使用。

② 多肉植物专用土

适合培育多肉植物和仙人掌的混合营养土。市面上出售的多肉植物专用土通常混合了赤玉土、鹿沼土、树皮堆肥及轻石等。

③ 砂子

图中展示的是产自阿根廷的河砂，又名拉普拉塔砂。这种细砂有着良好的透气性和排水性，适用于空气凤梨、多肉植物及仙人掌。由于产地不同，砂子的颜色和类型各具特色。

④ 杉树皮

图中展示的是杉树皮的碎屑。杉树皮具有良好的缓冲性能，且保水性好，非常适合与苔藓搭配使用。可根据情况与其他树皮混合使用。

⑤ 水草泥

原本是水族箱水生植物的专用土。这种土富含营养成分，并且能够吸附水中的杂质，因此非常适合在含有苔藓的玻璃容器中使用。

⑥ 植物根部防腐剂（沸石）

以天然矿石为主要原料，能够起到防止植物根部腐烂，改善植物根部周围环境的作用。具有良好的透气性、保水性和排水性，是制作玻璃容器微景观常用的材料之一。

装饰材料

① **干苔藓**

　　苔藓干燥后制成的装饰素材，细长又卷曲，颜色多为绿色和白色。

② **永生苔藓**

　　将苔藓脱水干燥后制成外形蓬松的装饰素材。其保水性良好，可单独使用，也可与苔藓搭配使用。

③ **木片**

　　将木材削切成碎片，每种木片的颜色和香气各异，可根据制作的微景观来选择合适的木片。

④ **珊瑚砂**

　　珊瑚或贝壳的碎片，可以用来装饰空气凤梨。特别推荐夏季使用，可带来清凉感。

⑤ **漂流木**

　　漂流在海水或河水中的木头。漂流木的颜色和形状根据树木类型而有所不同，可根据微景观来选择合适的漂流木。

⑥ **石头**

　　在市面上可以购买到各种颜色和形状的装饰用石。如果想让微景观富有自然气息，推荐使用石头。

⑦ **软木**

　　栓皮栎等树木的树皮常用来制作软木。软木质地独特，与植物搭配在一起能营造出一种时尚感。

⑧ **带有苔藓的树枝**

　　带有苔藓的树枝常用于盆景制作。将它装饰在带有苔藓的玻璃容器微景观中会给作品增添一种独特的韵味。

其他装饰材料

天然石材

　　天然矿物和岩石种类繁多，有无色透明的，有紫色或绿色的，还有外形独特的不透明天然石材。

珊瑚、贝壳、植物果实等

　　贝壳及植物果实等是能够体现季节感的材料，比如将珊瑚、贝壳和砂石搭配在一起就能够轻松营造出夏日印象。

小摆件

　　可将迷你树脂玩偶作为微景观装饰摆件使用，通过热熔胶将其粘贴在石头或树枝等材料上然后进行装饰。

基础的制作技法

下面介绍空气凤梨、苔藓、多肉植物及仙人掌类玻璃瓶微景观的制作方法和技巧。让我们一起了解并掌握微景观的制作流程吧。

制作技法

1.

清洁容器

为了使玻璃容器微景观看上去更加清晰美观，要避免使用带有污渍的容器。在将植物及其他材料放入容器前，先用湿布将容器擦拭干净。

制作技法

2.

遵循由大到小的放置顺序

将不同材料放入容器时基本遵循由大到小的顺序。放入容器中的植物也要按照同样的顺序，先将高度较高或体积较大的植物放进去。按照这种放置顺序更容易搭配均衡，也方便调整不同素材的位置关系。

制作技法

3.

用砂土打造层次

用土壤、砂石等在容器中打造层次时，为了避免砂土层倾斜混合，要确保每一层都均匀平整。

不同角度带来的乐趣

制作技法

4.

制作过程中可一边调整容器的角度，一边加入材料和植物。这样无论是从上方，还是从侧面，都能欣赏到不同的景致，令作品趣味盎然。

制作技法

5.

细致地调整植物周围的布置

将纤细的小型植物放入容器时需格外谨慎，要确保不会损伤植物。植物放置好后添加土壤时，可先将漏斗的前端调细，然后一点点倒入土壤，以免碰到植物。

可在玻璃容器中种植的植物及养护要点

| 1 | 空气凤梨 | AIR PLANTS |

空气凤梨是凤梨科铁兰属植物，英文名称为"Air plant（空气植物）"。它无需土壤，通过叶表或茎部的鳞片即可吸收空气中的水分生长。空气凤梨有600多个品种，大致可分为银叶品种和绿叶品种两大类。银叶品种的叶表和茎部都密被可吸收水分的鳞片，而绿叶品种的鳞片则较少，因此不耐干燥。

常见品种

鸡毛掸子

鸡毛掸子是空气凤梨中的人气品种。密被白色鳞片的叶子闪耀着光芒，适合放置在玻璃容器中的醒目位置，一定会成为室内装饰的焦点。

女王头

扭曲的叶子和膨大的基部是女王头最主要的特征。只需将其随意地放置在玻璃容器中，即可营造出轻松有趣的氛围。

贝吉

贝吉强有力的叶子呈放射状向四周扩散，具有超强的存在感。它易于养护，叶子自根部丛生，而且会不断长出子株，观察其生长变化也是一件十分有趣的事情。

容器

需选用敞口的、透气良好的玻璃容器。摆放的场所没有特别的限制，如果喜欢悬挂式微景观，可将其悬挂在喜欢的地方。并且可让空气凤梨稍稍探出容器，如同要从容器中溢出一般，这也是空气凤梨易于养护的特性所带来的便利之处。

摆放场所

室内没有直射光的任意位置都可以。但要注意房间内不能过于潮湿，同时避免玻璃容器中温度过高。

浇水

每周给空气凤梨补水1~2次，用喷壶对着整个空气凤梨均匀地喷水即可。需要注意的是，一定要先将空气凤梨从容器中取出后再喷水，等表面的水大致晾干后再放回容器中。如果植物表面还残留大量水分就放回容器中，会引起植物发霉或腐烂。

养护

如果空气凤梨状态不佳，可用水将植物营养剂稀释，然后用喷壶喷洒在植物上。此外，空气凤梨一般都不耐寒，需注意避免室内温度过低。

2 | 苔藓 | MOSS

苔藓是依附在老树、沼泽、岩石等处生长的植物，喜爱潮湿的环境。苔藓没有花和种子，通过孢子进行繁殖。苔藓不耐干燥，一旦环境过于干燥，表面就会干枯，看上去如同枯死。实际上苔藓的生命力非常顽强，干枯不是很久的苔藓只要给它充分浇水，就会慢慢变为绿色，并且恢复柔软蓬松的状态。大灰藓和白发藓是比较常见的种类，在园艺市场和花店等处就可以买到。

〔 常见品种 〕

白发藓

白发藓具有披针形的叶子和蓬松的外观，相对比较耐干燥，是园艺入门者也能顺利养护的苔藓品种之一。

暖地大叶藓

叶子如同撑开的雨伞是暖地大叶藓最鲜明的特征，看起来如同可爱的小花，是较受人们喜爱的苔藓品种。可用于容器口狭窄的玻璃容器微景观的制作。

刺边小金发藓

刺边小金发藓是金发藓的一种，特征是茎部直立向上伸展，常被种植在庭院中。如果将其种植在较高的容器中，即可观察到它的生长状态，非常有趣。

苔藓

容器

　　尽量选用带有盖子可密封，或者开口狭窄能够保证内部具有一定湿度的玻璃容器。此外，也可用蜡纸代替盖子将容器密封，以此来保持容器中的湿度。

浇水

　　如果容器密闭，则等苔藓表面干燥时，用喷壶补充水分，大概每3~4天浇水1次。如果将苔藓与多肉植物或仙人掌混栽在一起，则需注意避免浇水过量，因为多肉植物和仙人掌不耐积水。

摆放场所

　　放在室内无直射光或光照不强的地方即可，但在白天尽量将其摆放在稍微明亮一些的地方。

养护

　　如果发现有些部分变为棕色，则用剪刀将变色部分剪掉，之后会长出新芽。

可在玻璃容器中种植的植物及养护要点

多肉植物大多原生于沙漠等干燥的热带地区，茎叶肥厚，可贮藏大量水分，因此在湿度较低的干燥环境中也能顺利生长。多肉植物肥厚的外形非常可爱，是极具人气的室内观赏植物。在微景观中混栽几种不同的多肉植物，可提高观赏价值。多肉植物种类众多，生长期也各不相同，可分为夏季型、冬季型和春秋型。如果采用混栽的方式，应尽量将生长期类型相同的植物栽种在一起。此外，根据植物品种与生长状态，每隔1~2年进行1次移栽。

常见品种

十二卷属

十二卷属植物根据叶片类型可分为硬叶系和软叶系。硬叶系叶片呈剑形且质地较硬，软叶系叶片呈半透明状且质地柔软。图中是软叶系叶片呈半透明状的玉露。放置这类植物时，应将其摆放在能够观赏到叶片全貌的位置。

千里光属

千里光属植物种类繁多，且不同品种的叶片形状各异，极为奇特。图中是被称为蓝松的品种，其细长且肥厚的叶子上密被白霜，非常美丽。

莲花掌属

莲花掌属植物的特征是叶子直立呈莲座状。将它与苔玉组合在一起，看上去如同可爱的花朵一般。

多肉植物

容器

最好选用开口大，透气好的玻璃容器。如果环境适合，多肉植物会快速生长膨大，因此尽量选用空间较为宽敞的容器。

浇水

多肉植物较耐干旱，不宜浇水过量。浇水可根据生长期进行调整，生长期内可每周浇水1~2次，最好用弯嘴壶在植物根部充分补水。休眠期则每两周浇水1次即可。此外，需避免容器中积水，否则会造成植物根部腐烂。因此浇水后需将容器中多余的积水处理干净。

摆放场所

适合摆放在室内光照充足且通风良好的地方，但要避免阳光直射。生长期为冬季的品种，不喜高温多湿的环境，要注意避免容器内温度过高。

养护

由于温度变化等因素影响，叶片有时会发生变色。此时，用剪刀将变色且生长状态较差的叶片剪掉即可。此外，多肉植物可在生长期进行移栽，并且如果长出新的子株也可同时进行分株。

可在玻璃容器中种植的植物及养护要点

| 4 | 仙人掌类 | CACTUS |

仙人掌类是仙人掌科植物的统称，也属于多肉植物。种类根据分类方法不同而有所差异，据统计共有2000多种。仙人掌耐热耐旱，不需要经常浇水，是非常适合园艺初学者培育的植物。与其他多肉植物不同，仙人掌的茎上会螺旋状排列特殊的刺座，其上着生有刺、毛、腺体或钩毛，但有些仙人掌没有刺。仙人掌的刺非常锋利，裸手触摸可能会扎破手指，最好使用筷子或镊子将其放入容器中。

容器

与多肉植物的要求基本相同，应选用开口较大且透气性良好的容器。带有盖子的容器则应时常打开盖子通风换气。

摆放场所

适宜摆放在室内光照充足且通风良好的地方，但要避免阳光直射。在南方梅雨时节还要注意避免水分在容器中积聚。

浇水

每1~2周浇水1次，使用滴管或者弯嘴壶集中给植物的根部浇水。

一些观叶植物也非常适合用来制作玻璃容器微景观，将它们与空气凤梨、苔藓以及多肉植物组合搭配起来也极具观赏价值。观叶植物种类众多，养护方法及生长特性各异，但大部分观叶植物的养护方法并不复杂，适合园艺初学者栽培，而且许多观叶植物都适合在室内栽培。本书选用的观叶植物，有些是喜好潮湿环境并附生于树木上的蕨类植物，有些则是具有多彩叶色的彩叶植物，如姬凤梨等。你也可以在市面上找到自己喜爱的观叶植物，并根据需求搭配使用。

〔 常见品种 〕

姬凤梨

姬凤梨如同手掌一样展开的星形叶个性十足。在制作微景观时，要尽量突出其艳丽的色彩，同时控制其他素材的颜色，让其成为微景观的主角。

圆盖阴石蕨

圆盖阴石蕨呈锯齿状的叶子向上伸展，基部覆盖着蓬松柔软的细毛。虽为附生植物，但也可栽种在潮湿的土壤中，并可与苔藓混栽。

花叶千叶兰

花叶千叶兰细长的枝蔓向四周不断伸展，茂密的姿态令人印象深刻，是微景观中最为引人注目的植物。

不同植物的玻璃瓶微景观的制作方法

1	空气凤梨	AIR PLANTS

　　空气凤梨无需土壤即可生长，因此在材料的选择和搭配上较为自由随性。但为了浇水方便，应尽量将空气凤梨放置在易于取出的位置。

准备好所需的植物和材料（见29页）。购买松萝铁兰时捆扎的花艺铁丝可直接使用。

用小铲子将珊瑚砂倒入容器中。因为松皮石较高，因此放入适量的珊瑚砂即可。

将松皮石放入容器中。先在容器中央放入一块大松皮石，然后紧挨着放入另一块稍小一些的。

将空气凤梨小蝴蝶、小狐尾、虎斑、小萝莉放在松皮石上，看起来如同是从松皮石的气孔中长出的一般。

在空气凤梨鸡毛掸子的根部缠绕铁丝，如上图所示，铁丝的两端各保留一段。

将步骤5中鸡毛掸子上的铁丝穿过捆扎松萝铁兰的铁丝圈，并缠绕固定。

将松萝铁兰上的铁丝卡在容器的金属底座边缘。

将玻璃容器放在底座上，注意不要压到空气凤梨鸡毛掸子。

另一个容器按照珊瑚砂、斑克木、空气凤梨霸王、树枝的顺序依次放入。

不同植物的玻璃瓶微景观的制作方法

| 2 | 苔藓 | **MOSS** |

　　苔藓玻璃瓶微景观需要保持潮湿的环境。为了在容器外侧能够看出树皮层，请尽量将树皮紧贴在玻璃容器壁周围。

准备好所需的植物和材料（见33页）。苔藓从密闭容器中取出后，极易干燥，因此尽量在开始制作时再取出。

在容器底部放入植物根部防腐剂并压平。然后放入树皮，为了在容器外侧能够看出层次，用手将树皮紧贴在容器壁周围。

用小铲子和漏斗将水草泥倒入容器中，注意不要触碰到容器壁周围已放置好的树皮，尽量将水草泥倒入容器中央。

放入石头和带有苔藓的树枝。

依次放入疏叶卷柏、卷柏、大凤尾藓、东亚砂藓和白发藓。

用镊子尖端一点点地将植物根部压入水草泥中，并调整植好位置，确保整体的视觉平衡。

用镊子夹着折成小块的湿纸巾，将容器内壁上的污渍擦拭干净。

用喷壶给植物浇水，舒缓植物状态。

在容器口上盖上蜡纸，并用麻绳系紧。装有苔藓的玻璃容器，要尽可能保持容器密封。

不同植物的玻璃瓶微景观的制作方法

| 3 | 多肉植物与仙人掌类 | SUCCULENT PLANTS/CACTUS |

制作多肉植物或仙人掌玻璃瓶微景观时，应尽量选用通风良好且口径较大的容器。此外，需将多肉植物和仙人掌的根完全栽种到土壤中。

准备好所需的植物和材料（见24页）。由于每种多肉植物的生长特性不同，最好选用生长类型相近的多肉植物。

在容器底部铺一层植物根部防腐剂。

用小铲子倒入多肉植物专用土，并根据材料的高度调整放入的土壤厚度。

将松皮石放在容器的中央。

用镊子夹住细柱葫芦，将其放在松皮石的后面。

同样用镊子将生石花和长生草放在松皮石的前面，同时注意避免体积较小的植物被淹没在土壤中。

用土壤覆盖植物的根部，并填充植物之间的空隙。为了避免损伤植物，需用漏斗一点点地添加土壤。

用镊子的尖端将植物根部压入土壤，并将土壤压平。

小容器中也按照相同的顺序放入植物根部防腐剂、多肉植物专用土和石头，然后依次放入猕猴桃藤、虎尾兰和白斜子。

专题

发挥你的无穷创意

由玻璃容器与植物组合而成的微景观，根据不同的创意和设计可以呈现出各种各样的形式。下图中的作品兼顾了设计与功能性的平衡。

PZANTA×STANZA是由绿演舍株式会社创办运营的一家园艺店，经常开展一些能够创造新风格及新价值的绿色装饰活动。他们将观叶植物和室内装饰巧妙地搭配组合，作品之一就是"torch（火炬）"。

这个作品如同酒精灯一样的独特外观更加突显出作为室内装饰的存在感，点亮内置于底座内的灯，仿佛是玻璃容器的"酒精灯"被点燃了一般，令人感到趣味盎然。酒精灯的棉绳是内置于苔玉球中的可吸收水分的纤维绳，即使不按时浇水，植物依然能够生长良好。这个外观有趣，功能性也十分出色的设计受到了大家的一致好评。不拘一格的趣味让我们也尝试着用巧妙的创意构思来制作微景观吧。

玻璃瓶微景观问答

解答人们关于玻璃瓶微景观最关心的问题，下面的回答可作为参考。

Q
玻璃瓶微景观的
寿命大概是几年？

A

不同的植物会略有差异，一般可观赏1~2年。如果植物没有染病或枯萎，还可观赏更长时间。随着植物的生长，形态会发生一些变化，此时可修剪过长的枝条，分株或者移栽。此外，容器及环境也会影响植物的寿命，应尽量给植物提供一个有利于其健康生长的环境。

Q
推荐给入门者的植物
有哪些？

A

如果是刚刚开始动手制作玻璃瓶微景观的人，最好选择无需土壤也能生长的空气凤梨。空气凤梨可以和很多素材搭配，并且能够自然地融入到环境中。空气凤梨种类繁多，可根据具体的设计需求来选择合适的品种。养护管理较为简单，每周喷水1~2次即可，这也是它极具人气的原因之一。

Q
在哪里可以买到
玻璃容器？

A

园艺店或者室内装饰品店等都会出售可用于栽种植物的玻璃容器。许多店铺还出售观赏效果更佳的多面体容器，以及可悬挂的容器。除了选择购买专用的容器外，也可灵活运用日常生活中常见的玻璃容器，如玻璃花瓶和水瓶等，用这些容器也可以制作出趣味十足的作品。

Q
植物生病了
怎么办？

A

如果发现植物的状态异常，则要仔细观察找出原因。天气变化有时会导致叶子枯萎等局部损伤的情况，此时只需剪掉枯萎的叶子即可。当植物的叶子、茎部变色或腐烂时，则需要确认根系的状态，如果根部变黑，则可将植物挖出丢掉。

Q
可以将玻璃容器微景观放在室外吗？

A

一般是将其放在室内无直射光的地方。有些植物即使放在室内的窗边，若光线较强，也不利于其生长。空气凤梨、多肉植物和仙人掌则可放在室外通风良好且背光之处。但是夏季容器内部的温度会升高，因此最好放置于室内。

Q
可以使用自己采摘的苔藓吗？

A

很多地方都自然生长着苔藓，可以自己采摘后使用。一些生长在公共场所的苔藓，会有禁止随意采摘的情况。因此采摘之前需确认是否允许采摘，避免发生不必要的纠纷。采摘时使用铲子轻轻地将苔藓从土壤中铲出，然后放入带盖子的密封盒里带回即可。

Q
适用于玻璃容器微景观的装饰材料有哪些？

A

如果想让微景观富有大自然的气息，可以用漂流木、石头、砂石等天然素材进行装饰。如果想让微景观富于变化且带有韵味，则可以搭配报纸等素材，营造出时尚的外观。如果想打造出夏日印象，可以搭配贝壳、珊瑚等材料。果实、棉花等素材则能够营造出温暖的秋冬氛围。此外，搭配一些迷你玩偶摆件也会使微景观更加生动有趣。

Q
如果作为礼物，需要怎样装饰？

A

玻璃容器微景观非常适合作为礼物送给他人。植物最好选用易于养护的空气凤梨和苔藓等，比如选用可以开花的空气凤梨精灵，一定会给对方带来惊喜。此外，赠送前不要忘记精心地包装一番。先用透明的玻璃纸包裹起来，这样能够清楚地看到微景观，然后放到礼盒中，并系上装饰丝带。

实例篇

植物
ⓐ 女王头
ⓑ 草皮
（以上均为空气凤梨）

材料
ⓒ 干燥的曼陀罗果
ⓓ 干苔藓

容器尺寸
外径12cm、高17cm

制作步骤
1. 在玻璃容器底部蓬松地放入一些苔藓。
2. 放入3个曼陀罗果，并将它们堆叠起来。
3. 依次放入空气凤梨草皮和女王头。

制作要点
　　本案例是空气凤梨与干花搭配组成的韵味十足的玻璃容器微景观。曼陀罗是曼陀罗属的一种植物，特征是具有外形奇特的果实。

　　这个微景观选用了简单大方的圆筒形玻璃容器，容器底部放入了蓬松卷曲的干苔藓，并且选用了极具个性、表面带有小刺的圆形曼陀罗果作为装饰。这两种风格迥异的植物材料更加衬托出空气凤梨鲜活的生命力。

小巧可爱的玻璃罐里栽种了4种苔藓和1种蕨类植物。简单地搭配了石头和树枝，避免里面的植物显得杂乱。杉树皮和树皮不仅利于排水，而且很好地平衡了微景观里的各种素材。

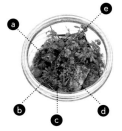

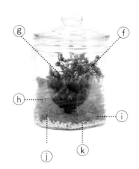

植物
ⓐ 白发藓
ⓑ 暖地大叶藓
ⓒ 刺边小金发藓
ⓓ 东亚砂藓
ⓔ 疏叶卷柏
（蕨类植物）

材料
ⓕ 石头
ⓖ 树枝
ⓗ 水草泥
ⓘ 杉树皮
ⓙ 树皮
ⓚ 植物根部防腐剂
（沸石）

容器尺寸
外径14cm、高20cm

制作步骤
1. 在玻璃罐底部放入少量植物根部防腐剂。
2. 将树皮和杉树皮分别放在玻璃罐底部的两侧。
3. 放入水草泥。
4. 石头和树枝均衡地放入容器中。
5. 依次放入疏叶卷柏、刺边小金发藓、暖地大叶藓、东亚砂藓和白发藓。

养护要点
　　同时将几种植物栽种在空间狭小的容器中，随着植物的生长必然会显得杂乱。因此要定期进行适度修剪，以维持微景观的整洁美观。

木框玻璃容器外形简单大方，适合摆放在任何地方，而且能将植物衬托得更加时尚美丽。本案例选用了两个风格相同但大小略有区别的木框玻璃容器，可容纳较多的土壤，使多肉植物和仙人掌如同是从土壤中长出来一般，非常自然可爱。

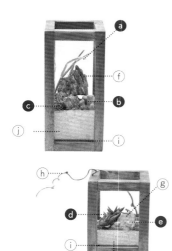

植物
- ⓐ 细柱葫芦
- ⓑ 生石花
- ⓒ 长生草
- ⓓ 虎尾兰
（以上均为多肉植物）
- ⓔ 白斜子（仙人掌类）

材料
- ⓕ 松皮石
- ⓖ 石头
- ⓗ 猕猴桃藤
- ⓘ 植物根部防腐剂（沸石）
- ⓙ 多肉植物专用土

容器尺寸
大容器宽 13cm、长 13cm、高 26cm
小容器宽 13cm、长 13cm、高 16cm

制作步骤 ————
→ 16页

养护要点 ————
需放置于没有阳光直射的地方。每两周浇 1 次水，且只在植物根部浇水，避免打湿叶子。

这个长颈瓶很像是用来做化学实验的烧瓶，用来制作微景观非常时尚别致。嫩绿的暖地大叶藓略显简单朴素，但外形如同撑开的雨伞一般十分可爱。这个微景观非常适合用来装饰卧室或书房等安静且令人放松的环境。

植物

ⓐ 暖地大叶藓

材料

ⓑ 水草泥

ⓒ 树皮

ⓓ 植物根部防腐剂（沸石）

容器尺寸

外径13cm、高18cm

制作步骤

1. 在瓶底放入少量的植物根部防腐剂。
2. 铺上一层厚度约1cm的树皮。
3. 将水草泥放置于容器中央。
4. 用镊子将暖地大叶藓栽种在水草泥中。

制作要点

务必要将暖地大叶藓的根系全部栽种到水草泥中。

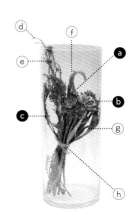

植物

ⓐ 女雏＋落地生根枝条（多肉植物）
ⓑ 特玉莲＋落地生根枝条（多肉植物）
ⓒ 隐柱昙花（仙人掌类）

　※ 将多肉植物嫁接在景天科植物落地生根
　　上，以增加微景观中多肉植物的高度。

材料

ⓓ 干燥的红花银桦
ⓔ 干燥的木百合
ⓕ 干燥的瓶子草
ⓖ 干燥的银桦
ⓗ 麻绳

容器尺寸

外径15cm、高40cm

　　将干花与多肉植物组成的优雅花束放入玻璃容器中。多肉植物的质感与原生澳洲及南美的植物干花十分相配，因此可以将它们搭配在一起形成个性化的设计。设计的关键是要让各种植物高低错落，突出层次感。

制作步骤

1. 将嫁接在落地生根枝条上的多肉植物与隐柱昙花、干花制成花束。
2. 用麻绳捆绑好花束，然后放入玻璃容器中。

养护要点

　　每两周浇1次水，且只给植物花茎底部补充水分即可。

制作要点

　　进行嫁接处理时，尽量要选择同一科属亲缘关系相近的植物，以提高嫁接的兼容性。落地生根、女雏、特玉莲都属于景天科植物。落地生根生长迅速，可根据需要的长度去掉叶子，并剪下作为砧木。从落地生根截面向下切割出一个口子，将多肉植物接穗的一端斜切，并将接穗插入砧木，然后用绳子缠绕固定。嫁接应在植物的生长期内进行。

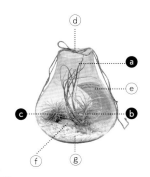

植物

- **a** 贝利艺
- **b** 粗糠
- **c** 鸡毛掸子

（以上均为空气凤梨）

材料

- **d** 麻绳
- **e** 报纸
- **f** 装饰珊瑚
- **g** 白色木片

容器尺寸

外径 24cm、高 26cm

制作步骤

1. 在容器底部铺一层木片。
2. 放入装饰珊瑚。
3. 依次将空气凤梨贝利艺、粗糠、鸡毛掸子放入容器。
4. 将报纸裁剪成合适大小，紧贴在容器内壁。
5. 将麻绳系在玻璃容器外部作为装饰。

养护要点

　　容器口较为狭窄，散热缓慢，因此要避免将微景观放置于强光直射之处，否则会造成容器内部温度过高。

　　作品选用了下端向外凸出的玻璃容器，植物中最为引人瞩目的是叶子细长的贝利艺。设计时着重突出了各种空气凤梨的高低差异，整个作品富有层次感且生动有趣。此外，麻绳与报纸的装饰使微景观不落俗套。

这个可悬挂在窗边，也可以摆放在书架上的小玻璃瓶微景观能给房间增添一抹绿色。尽量让刺边小金发藓贴着瓶壁生长，并使每一株有细微的高度差别，给人以自然生长的感觉。

制作步骤

1. 在瓶底放入少量植物根部防腐剂。
2. 放入少量永生苔藓。
3. 铺上一层厚度约1cm的树皮。
4. 再铺上一层厚度约3cm的水草泥。
5. 依次放入刺边小金发藓和白发藓。
6. 盖好瓶盖，系上麻绳，可根据需要调整麻绳的长度。

制作要点

如果选用的是开口较为狭窄的容器，栽种植物时最好使用铁丝或镊子等工具辅助种植。

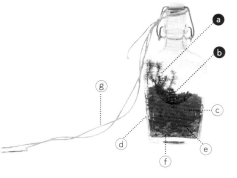

植物
- ⓐ 刺边小金发藓
- ⓑ 白发藓

材料
- ⓒ 水草泥
- ⓓ 树皮
- ⓔ 永生苔藓
- ⓕ 植物根部防腐剂（沸石）
- ⓖ 麻绳

容器尺寸
长8cm、宽3m、高23cm

植物

ⓐ 小蝴蝶
ⓑ 小狐尾
ⓒ 虎斑
ⓓ 小萝莉
ⓔ 鸡毛掸子
ⓕ 松萝铁兰
ⓖ 霸王
（以上均为空气凤梨）

材料

ⓗ 干燥的斑克木叶
ⓘ 松皮石
ⓙ 珊瑚砂
ⓚ 树枝

容器尺寸

大容器外径15cm、高65cm
小容器外径15cm、高32.5cm

制作步骤 ───

→ 14页

制作要点 ───

选用一些极具个性的材料，制作时会较难平衡材料与植物的整体搭配效果。因此可先将材料放入容器中，然后根据剩余的空间来匹配合适的空气凤梨。

这个微景观作品大胆地选用了带有斑驳金属基座的玻璃容器。松皮石搭配叶子细腻的空气凤梨，斑克木叶搭配霸气十足的霸王空气凤梨，向下垂落的松萝铁兰则为微景观增添了一丝优雅的韵味。

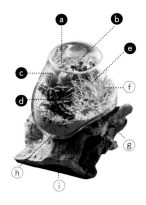

植物

ⓐ 青云之舞（多肉植物）
ⓑ 姬麒麟（多肉植物）
ⓒ 紫太阳（仙人掌类）
ⓓ 桃太郎（仙人掌类）
ⓔ 科比精灵（空气凤梨）

材料

ⓕ 树枝
ⓖ 珊瑚砂
ⓗ 砂子
ⓘ 植物根部防腐剂（沸石）

容器尺寸

长24cm、宽18cm、高23cm

这个微景观作品将极具个性的多肉植物、仙人掌和空气凤梨搭配在一起，灵动且有趣。选用的玻璃容器外形奇特，颇具动感。略带粉色和紫色的紫太阳十分可爱，为微景观营造出温馨的氛围。

制作步骤

1. 在容器底部放入少量植物根部防腐剂。
2. 铺上一层砂子。
3. 放入树枝。
4. 依次将桃太郎、紫太阳、青云之舞和姬麒麟等植物放入容器中，并调整好各自的位置。
5. 放入空气凤梨科比精灵。
6. 最后倒入珊瑚砂，将植物固定在其中。

养护要点

多肉植物、仙人掌类和空气凤梨的浇水频率有所差异，在给空气凤梨浇水时，需将其从容器中取出。

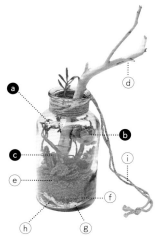

植物　　　　材料

ⓐ 丝苇　　　ⓓ 漂流木
ⓑ 白闪冠　　ⓔ 多肉植物专用土
ⓒ 蛾角　　　ⓕ 永生苔藓
（以上均为多　ⓖ 白色木片
肉植物）　　ⓗ 植物根部防腐剂（沸石）
　　　　　　ⓘ 麻绳

容器尺寸

外径10cm、高20cm

制作步骤

1. 将植物根部防腐剂放在瓶底。
2. 铺上一层厚度约1cm的木片。
3. 再铺上一层厚度约1cm的永生苔藓。
4. 依次将多肉植物白闪冠、蛾角、丝苇放入容器中。
5. 用漏斗将多肉植物专用土倒入容器，将植物固定在土中。
6. 放入漂流木。
7. 将麻绳缠绕在瓶口处，并根据需要调节麻绳的长度。

制作要点

　　先放入植物，后放入漂流木，但在放入植物前需要确认漂流木的大小和形状，确保玻璃罐中留有足够的空间。

　　在外形简单，系有麻绳的玻璃罐中，打造一个动感十足的微景观作品。设计的重点是要充分发挥丝苇和漂流木的动感，令丝苇和漂流木的一部分伸出容器，看上去好像是从玻璃罐中长出来一般。这个活力十足的微景观非常适合用来装饰明亮的客厅。

这个作品选用了木框玻璃容器和略微粗壮的树枝，增强了微景观的存在感。植物的主角是女王头空气凤梨，其弯曲的叶子让人联想到希腊神话中美杜莎的发型，其名称也由此而来。作品展现出了一幅野草与树竞相生长的生动画面。

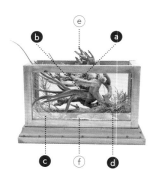

植物

ⓐ 雪花球
ⓑ 女王头
ⓒ 卡诺
ⓓ 福果精灵
（以上均为空气凤梨）

容器尺寸

长41cm、宽21cm、高25cm

材料

ⓔ 树枝
ⓕ 沙子

制作步骤

1. 在容器底部铺一层沙子，不要压平，让其呈现出自然的凹凸不平的状态。
2. 放入树枝。
3. 将空气凤梨女王头、卡诺、福果精灵、雪花球依次放入容器。

制作要点

先将树枝放入容器，然后在保证整体搭配平衡的前提下，将空气凤梨放在余下的空间以及树枝的分枝处。

这个微景观作品选用了5种形态各异的苔藓和蕨类植物，展现出了植物的多样性。长满苔藓的树枝和石头，打造出如同森林中的一角。如果你喜欢观察及养护苔藓，可将这个微景观放置于客厅的窗边或常待的场所。

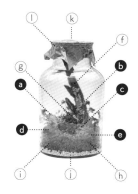

植物

ⓐ 卷柏
ⓑ 疏叶卷柏
ⓒ 大凤尾藓
ⓓ 白发藓
ⓔ 东亚砂藓
（a、b为蕨类植物）

材料

ⓕ 带有苔藓的树枝
ⓖ 石头
ⓗ 水草泥
ⓘ 树皮
ⓙ 植物根部防腐剂（沸石）
ⓚ 蜡纸
ⓛ 麻绳

容器尺寸

外径16cm、高31cm

制作步骤

→ 15页

养护要点

　用蜡纸给玻璃容器制作一个盖子，可以维持容器内环境湿度稳定。及时剪掉苔藓及蕨类植物的枯叶或病叶，新叶才能不断萌发。

微景观玻璃花房适合摆放在客厅、玄关等处的醒目位置。通过设计如果能将植物的浓淡色彩、叶片的形态差异、苔藓与蕨类植物的特性等突显出来，即使容器稍大一些也不会显得空洞单调。此外，制作时还可以巧妙地搭配树枝与石头。

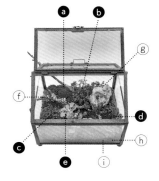

制作步骤 —————
1. 将珊瑚石放入容器中。
2. 在容器底部覆盖一层植物根部防腐剂。
3. 铺上一层厚度约5cm的水草泥。
4. 将带有苔藓的树枝放入容器中。
5. 依次放入疏叶卷柏、肾蕨、铁线蕨、卷柏和白发藓。

制作要点 —————
　　选用大型玻璃容器的关键点是材料的选用和搭配。首先选择合适的位置摆放石头和树枝，如同先勾勒出一幅画的大致轮廓，然后在其周围布置植物，丰富画面。在制作微景观时还需要根据植物叶片的形状和颜色来为其选择合适的位置。

植物
a 白发藓
b 疏叶卷柏
c 卷柏
d 肾蕨
e 铁线蕨
（b、c、d、e为蕨类植物）

材料
f 带有苔藓的枝条
g 珊瑚石
h 水草泥
i 植物根部防腐剂（沸石）

容器尺寸
长38cm、宽32cm、高32cm

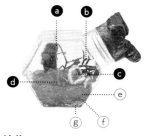

植物

ⓐ 花势龙

ⓑ 丝苇

ⓒ 缀化仙人球

ⓓ 黑骑士

（a、b、c为仙人掌类，d为多肉植物）

材料

ⓔ 多肉植物专用土

ⓕ 永生苔藓

ⓖ 植物根部防腐剂（沸石）

容器尺寸

长23cm、宽12cm、高18cm

制作步骤

1. 在容器底部覆盖一层植物根部防腐剂。
2. 铺一层永生苔藓。
3. 依次放入花势龙、缀化仙人球、丝苇和黑骑士，并调整好各自的位置，使微景观整体看起来均衡协调。
4. 放入多肉植物专用土，将植物栽种在土壤里。

养护要点

　　将微景观放置于无阳光直射处，同时注意避免环境过于潮湿。每两周浇1次水，且只在植物根部浇水即可，避免打湿叶子。

　　复古的多边形玻璃容器与仙人掌、多肉植物非常相配。利用每种植物外形上的差异可以轻松打造出野趣风格。这个玻璃容器微景观易于养护管理，可以摆放在房间的任意角落。

这个微景观混栽了几种风格各异的仙人掌，看起来如同一个缤纷的糖果礼盒。容器底座呈方形，可容纳多株植物，营造活泼欢快的氛围。再巧妙地搭配一些形状、色彩各异的天然石材，丰富视觉效果。

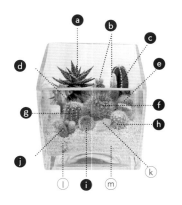

材料

ⓚ 天然石材（白水晶、紫水晶、萤石、黄水晶）

ⓛ 植物根部防腐剂（沸石）

ⓜ 白砂

容器尺寸

长 12cm、宽 12cm、高 12cm

植物

ⓐ 雪花芦荟　　ⓕ 锦丸
ⓑ 白毛掌　　　ⓖ 丽花球
ⓒ 白云阁仙人柱　ⓗ 月世界
ⓓ 龙神木　　　ⓘ 金晃丸
ⓔ 黄雪晃　　　ⓙ 金手指

（a 为多肉植物，其余为仙人掌类）

制作步骤 ———

1. 在容器底部铺一层白砂。

2. 按照由大及小的顺序放入仙人掌和多肉植物。

3. 将天然石材点缀在植物间的空隙处。

4. 用漏斗在植物周围轻轻地倒入植物根部防腐剂。

制作要点 ———

仙人掌的数量较多，因此将植物根部防腐剂倒入容器时，需小心谨慎，以免碰倒植物。

店铺

TOKYO FANTASTIC OMOTESANDO
（东京梦幻表参道）

作品选用了八面体的玻璃容器，顶端为红色或黄色的绯牡丹与容器壁上的波点非常相配。绯牡丹极具观赏价值，在日本又被称为"蜡烛仙人掌"。这个作品适合悬挂在厨房或客厅。

植物

ⓐ 绯牡丹（仙人掌）

材料

ⓑ 植物根部防腐剂（沸石）

ⓒ 白色的石头

容器尺寸

宽 8cm、高 29cm

制作步骤

1. 将石头倒入容器。
2. 放入绯牡丹。
3. 用漏斗将植物根部防腐剂轻轻地倒在植物周围。

制作要点

可先将容器悬挂起来或固定在花盆中再进行制作。

37

植物

- ⓐ 铭月　ⓑ 星美人
- ⓒ 凌樱　ⓓ 丝苇
- ⓔ 翡翠珠

（a、b、c、e 为多肉植物，d
为仙人掌类）

材料

- ⓕ 皮绳
- ⓖ 混合有黏着剂的园艺用土

容器尺寸

外径10cm

制作步骤

1. 加水搅拌混合有黏着剂的园
   艺用土。
2. 将搅拌均匀的园艺用土放入
   容器中，并铺平压实。
3. 放入多肉植物和仙人掌。
4. 将剩下的土捏成小球放在植
   物四周。
5. 用皮绳将容器悬挂起来，可
   根据需要调节绳子的长度。

　　这个微景观作品如同轻盈的气泡一般。如果让翡翠珠自容器中自然地向下
垂落，则会给人一种凉爽的感觉。可根据季节选择不同的装饰材料，夏天可添
加贝壳，秋天则可添加果实等。

TOKYO FANTASTIC OMOTESANDO
（东京梦幻表参道）

这组微景观选用了两个大小各异的多边形容器，营造出韵律感。将矮小的植物种植在容器的前面，将高大的植物种植在容器的后面，充分突显出层次的美感。位于容器前方的植物可略微探出容器，显得活泼有趣。

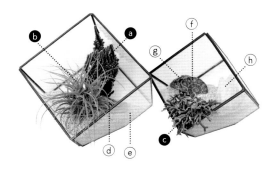

植物
- ⓐ 万重山（仙人掌类）
- ⓑ 贝吉（空气凤梨）
- ⓒ 丝苇（仙人掌类）

材料
- ⓓ 漂流木
- ⓔ 植物根部防腐剂（沸石）
- ⓕ 菊石
- ⓖ 玛瑙
- ⓗ 水晶

容器尺寸
大容器宽21.5cm、高24cm
小容器宽15cm、高20cm

制作步骤

大容器
1. 将万重山放入容器中。
2. 轻轻地倒入植物根部防腐剂。
3. 放入空气凤梨贝吉和漂流木。

小容器
1. 倒入植物根部防腐剂。
2. 放入丝苇和天然石材菊石、玛瑙和水晶。

制作要点

注意不要放入过量的植物根部防腐剂，以免从容器中溢出。

作品 019 — 020

这组微景观作品选用了两个大小不同的长方形容器，里面栽种了能给人带来清凉感的花叶千叶兰和苔藓，展现的是夏季的河边景色。花叶千叶兰的茎蔓细如铁丝，小叶繁生，随着茎蔓的不断生长会变得更加茂盛，具有提亮空间的作用。

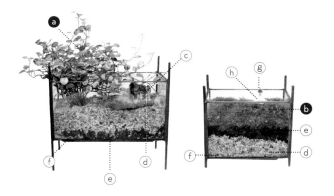

植物

ⓐ 花叶千叶兰　　ⓑ 狭叶白发藓

材料	容器尺寸
ⓒ 紫水晶	大容器
ⓓ 植物根部防腐剂（沸石）	长15cm、宽7.5cm、
ⓔ 观叶植物专用土	高15cm
ⓕ 灰色的石头	小容器
ⓖ 人物摆件	长10cm、宽5.5cm、
ⓗ 白色的石头	高10cm

制作步骤

大容器

1. 在容器底部铺一层灰色石头。
2. 放入花叶千叶兰，然后倒入观叶植物专用土。
3. 轻轻地倒入植物根部防腐剂。
4. 放入紫水晶。

小容器

1. 在容器底部铺一层灰色石头。
2. 轻轻地倒入植物根部防腐剂，然后倒入观叶植物专用土。
3. 种入狭叶白发藓。
4. 最后放入事先用热熔胶固定在白色石头上的小摆件。

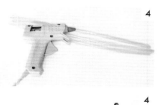

这是一个多肉植物混栽的玻璃容器微景观。多肉植物娇嫩欲滴，如同新鲜的绿色蔬菜。将丛生的白姬之舞和白厚叶弁庆栽种在容器的后侧，将具有垂吊属性的翡翠珠栽种在容器的前方，将圆润硕大的花月夜栽种在中央，成为微景观的视觉焦点。

植物

ⓐ 白姬之舞　　ⓒ 小人祭　　ⓔ 花月夜

ⓑ 白厚叶弁庆　ⓓ 熊童子　　ⓕ 翡翠珠

（以上均为多肉植物）

材料

ⓖ 植物根部防腐剂（沸石）

ⓗ 白色的石头

容器尺寸

长 12cm、宽 12cm、高 12cm

制作步骤

1. 在容器底部铺一层石头。

2. 放入多肉植物。

3. 在植物周围轻轻地倒入植物根部防腐剂。

这个作品是带有照明的梅森罐仙人掌微景观。梅森罐等带有盖子的玻璃瓶容器主要是从侧面观赏，选择高度不同的仙人掌会更具层次感。余下的空间添加天然石材等平衡整体效果，令人印象深刻。

制作步骤

1. 在瓶底铺一层厚度约1cm的石头。
2. 倒入约玻璃罐体积一半的植物根部防腐剂。
3. 按照由大及小的顺序放入各种仙人掌，再添加一些植物根部防腐剂固定仙人掌。
4. 最后放入萤石和永生苔藓。

植物

ⓐ 白云阁仙人柱
ⓑ 金洋丸
ⓒ 绯牡丹
（以上均为仙人掌类）

材料

ⓓ 萤石
ⓔ 植物根部防腐剂
ⓕ 白色的石头
ⓖ 珊瑚
ⓗ 永生苔藓

容器尺寸

大容器外径9cm、高17cm
小容器外径7.5cm、高14cm

养护要点

晚上点亮梅森罐中的灯，微景观又会呈现另一种景象。仙人掌在灯光下的照射下显得十分温馨，一天的疲惫也随之消散。除打开照明灯的时间之外，应尽量打开容器的盖子，确保通风良好。

TOKYO FANTASTIC OMOTESANDO
（东京梦幻表参道）

这个玻璃容器微景观由多肉植物玉露、虹之玉和水晶组成，看起来如同闪耀夺目的宝石箱一般。外形奇特的玉露极具人气，其叶片圆润且前端呈透明状。将微景观放置于明亮通风的地方，在阳光的映射下，会显得更加美丽。

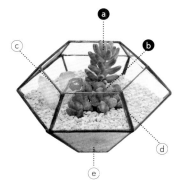

植物
ⓐ 虹之玉
ⓑ 玉露
（以上均为多肉植物）

材料
ⓒ 利莫里亚水晶
ⓓ 植物根部防腐剂（沸石）
ⓔ 白砂

容器尺寸
宽13cm、高8cm

制作步骤
1. 在容器底部铺一层白砂。
2. 放入多肉植物虹之玉和玉露，然后将植物根部防腐剂慢慢地倒入容器中。
3. 放入水晶作为装饰。

制作要点
将较高的植物放在容器的后方，这样能够更清晰地看到微景观的全貌。此外，最好在制作前就确定好水晶的摆放位置。

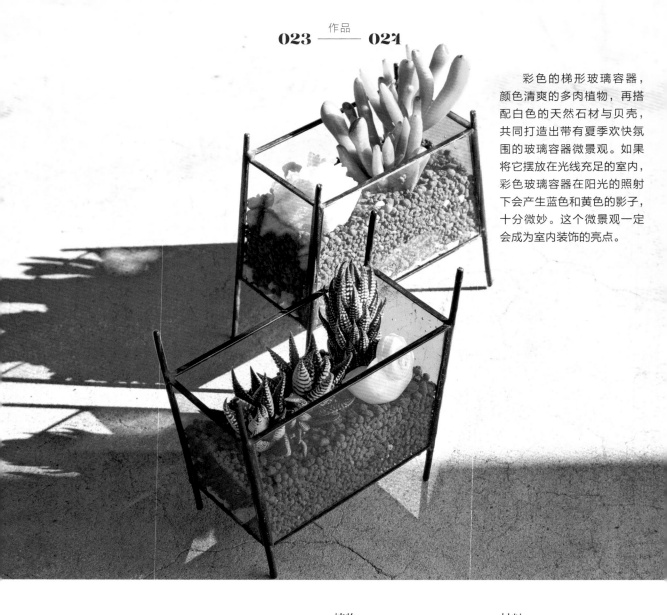

彩色的梯形玻璃容器，颜色清爽的多肉植物，再搭配白色的天然石材与贝壳，共同打造出带有夏季欢快氛围的玻璃容器微景观。如果将它摆放在光线充足的室内，彩色玻璃容器在阳光的照射下会产生蓝色和黄色的影子，十分微妙。这个微景观一定会成为室内装饰的亮点。

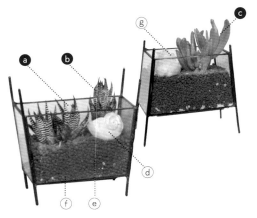

植物
ⓐ 条纹十二卷
ⓑ 小白鸽十二卷
ⓒ 筒叶花月
（以上均为多肉植物）

材料
ⓓ 贝壳
ⓔ 陶粒（小粒）
ⓕ 白色的石头
ⓖ 石英

容器尺寸
最长处 12cm、宽 5.5cm、高 12cm

制作步骤
1. 在容器底部铺一层石头。
2. 将多肉植物放入容器中，然后慢慢倒入陶粒固定植物。
3. 将石英和贝壳放入容器作为装饰。

TOKYO FANTASTIC OMOTESANDO
（东京梦幻表参道）

受到热带稀树草原的启发营造的微景观。用混合有黏着剂的园艺用土打造出热带稀树草原中的一片绿洲。在多肉植物的下方放置了小动物摆件，这些小动物也成了这片绿洲上的主角。

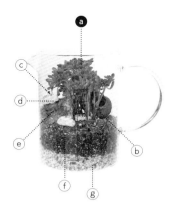

植物

ⓐ 小人祭（多肉植物）

容器尺寸

外径15cm、高13cm

材料

ⓑ 尤加利果
ⓒ 动物摆件
ⓓ 白色的石头
ⓔ 永生苔藓
ⓕ 混合有黏着剂的园艺用土
ⓖ 植物根部防腐剂（沸石）

制作步骤

1. 加水搅拌混合有黏着剂的园艺用土。
2. 在容器中倒入植物根部防腐剂，然后在上面平整地铺上园艺用土并压实。
3. 放入多肉植物小人祭。
4. 将剩余的土捏成小球一点点地加到容器中，然后放入尤加利果。
5. 放入永生苔藓，最后放入事先用热熔胶固定在石头上的小摆件。

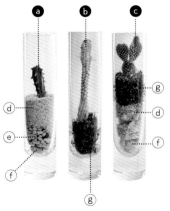

植物

ⓐ 龙神木（仙人掌类）
ⓑ 白桦麒麟（多肉植物）
ⓒ 白毛掌（仙人掌类）

材料

ⓓ 植物根部防腐剂（沸石）
ⓔ 碎石
ⓕ 灰色的石头
ⓖ 混合有黏着剂的园艺用土

容器尺寸

外径4.5cm、高20cm

这组微景观作品选用的是细长的玻璃瓶，分别栽种了与仙人掌神似的龙神木和细长的白桦麒麟，以及外形酷似兔子的可爱的白毛掌。如果将它们并排摆放在窗边或柜子上，更能突显每个微景观的个性，只是看上一眼就能带来好心情。

制作步骤

1. 加水搅拌混合有黏着剂的园艺用土，然后用土包裹住每种植物的根部。
2. 在第一个玻璃容器中依次倒入石头和碎石，然后放入龙神木，再用漏斗在植物四周倒入植物根部防腐剂。
3. 将白桦麒麟放入第二个玻璃容器中，然后在其周围加入混合有黏着剂的园艺用土。
4. 在第三个容器中倒入石头和植物根部防腐剂，然后放入白毛掌，在白毛掌的四周加入园艺用土。

TOKYO FANTASTIC OMOTESANDO
（东京梦幻表参道）

富有异国情调的兜兰非
常受欢迎，其外形酷似食虫
植物。这个微景观作品结合
兜兰花瓣上的斑点，选择了
体积巨大且带有波点的玻璃
容器。这个微景观能够将兜
兰独特的花型和花瓣的纹理
完全突显出来，可将其放置
在人们常常聚集的客厅等处，
是非常时尚的室内装饰。

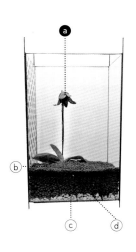

植物

ⓐ 兜兰

材料

ⓑ 陶粒（小粒）

ⓒ 陶粒（大粒）

ⓓ 碎石

容器尺寸

长 25cm、宽 12cm、高 46cm

制作步骤

1. 在容器底部铺一层碎石。
2. 将栽种在塑料盆中的兜兰带盆放入容器中。
3. 依次放入大粒陶粒和小粒陶粒，将花盆完全遮挡住。

制作要点

为了方便移栽，可将
栽种在塑料盆中的兜兰带
盆一起放入容器中。非常
巧妙地选用了与兜兰花瓣
上的斑点非常相配的波点
玻璃容器。

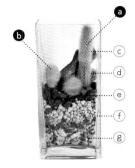

植物

ⓐ 吹雪柱

ⓑ 白小町

（以上均为仙人掌类）

材料

ⓒ 漂流木

ⓓ 棕榈丝

ⓔ 树皮

ⓕ 仙人掌专用土

　（轻石、珍珠岩、蛭石、堆肥等）

ⓖ 轻石（直径1~1.5cm）

容器尺寸

长10cm、宽8cm、高21cm

制作步骤

1. 在容器底部铺一层轻石。
2. 将仙人掌和漂流木放入容器中，然后加入仙人掌专用土。
3. 将树皮撒在仙人掌的四周。
4. 将棕榈丝团成小球后放入容器中。

制作要点

　　将仙人掌放入容器中时，为防止仙人掌表面的刺扎伤手，最好使用筷子或镊子辅助操作。此外，布局时要注意植物与各种材料高度的和谐。

　　如果仙人掌较高，则应使用高大的容器。搭配上略呈圆形的仙人掌或漂流木，微景观整体会显得协调且美观。种植材料应占容器空间的一半左右，这样与植物的搭配会比较协调。

3个玻璃罐中除空气凤梨品种各不相同外，其余材料完全一致。其他材料相同，只是选用了不同品种的空气凤梨，就能营造出风格不同的微景观。将装有女王头的容器盖打开，能够更清晰地欣赏到女王头的奇特外形。

植物
ⓐ 精灵
ⓑ 女王头
ⓒ 贝可利
（以上均为空气凤梨）

材料
ⓓ 永生花雏菊（可根据喜好选择其他永生花或干花）
ⓔ 白色的永生苔藓
ⓕ 松果（可根据喜好选择其他果实）
ⓖ 木片
ⓗ 棕榈丝

容器尺寸
外径9cm、高14cm

制作步骤
1. 在容器底部铺一层木片。
2. 将棕榈丝团成小球后放入容器中。
3. 放入果实、干花和永生苔藓。
4. 分别在各个容器中放入空气凤梨精灵、女王头和贝可利。

将几种干花与空气凤梨搭配在一起，形成一个具有体量感的作品。使用多种素材时，要通过设计营造出层次感。容器中由前到后逐渐增加的高度，使作品更具美感。

植物

ⓐ 贝可利（空气凤梨）

材料

ⓑ 永生苔藓

ⓒ 干花或永生花（翠雀、绣球花、雏菊等）

ⓓ 果实（木芙蓉果实等，也可根据喜好选择其他果实）

ⓔ 棕榈丝

ⓕ 木片

容器尺寸

外径9cm、高14cm

制作步骤

1. 在容器底部铺一层木片。

2. 将棕榈丝团成小球放入容器中。

3. 放入果实、永生苔藓和干花，并调整好位置，使它们看起来均衡且协调。

4. 最后放入空气凤梨贝可利。

只需在容器口上缠绕数圈麻绳，即使是朴素的空瓶也会变身为时尚的容器。仙人掌好似要从瓶中跳跃出来一般，整个微景观看上去极具生命力。正因为玻璃容器的外观十分简朴，所以在植物的挑选上选择了具有视觉冲击力的大型仙人掌。

植物
ⓐ 海王丸
ⓑ 鸾凤玉
（以上均为仙人掌类）

材料
ⓒ 麻绳
ⓓ 仙人掌专用土（轻石、珍珠岩、蛭石、堆肥等）

容器尺寸
外径 4.5cm、高 6.5cm

制作步骤 ——————
1. 将麻绳缠绕在玻璃瓶的瓶口。
2. 倒入约玻璃瓶体积一半的仙人掌专用土。
3. 放入仙人掌，在空隙处再添加仙人掌专用土，直到瓶口处。

植物

ⓐ 粗糠（空气凤梨）

材料

ⓑ 水果片
ⓒ 柏木颗粒

容器尺寸

外径8cm、高9cm

制作步骤 ———

1. 将柏木颗粒放在玻璃杯的底部。
2. 将水果片放在柏木颗粒上方。
3. 将空气凤梨粗糠放在水果片的上方。

　　使用平时常见的玻璃杯制作而成的微景观，制作方法非常简单。如果空气凤梨粗糠的颜色较淡，则最好搭配一些颜色鲜艳的水果片。制作完成后可用麻绳悬挂起来观赏，也可摆放在餐桌的一角。

　　这组微景观是玻璃烧杯加仙人掌的简单组合，并且使用了盆栽植物常用到的陶粒代替土壤。相较于土壤，陶粒更加整洁可爱，与透明的玻璃容器非常相配。在仙人掌旁插上咖啡豆造型的插牌或者皮革插牌，既能提示植物品种，又具有装饰作用。

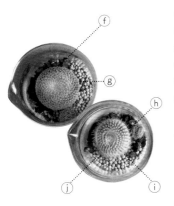

植物

ⓐ 白鸟
ⓑ 金晃丸
ⓒ 海王丸
ⓓ 金星
ⓔ 神龙玉
（以上均为仙人掌类）

容器尺寸

小容器外径6.7cm、高9cm
中容器外径7.8cm、高10.5cm
大容器外径9.2cm、高12.1cm
特大容器外径10cm、高19.5cm

材料

ⓕ 咖啡豆造型的插牌
ⓖ 皮革插牌
ⓗ 棕榈丝
ⓘ 木片
ⓙ 陶粒

制作步骤

1. 在玻璃烧杯中放入约1/3的陶粒。
2. 在每个烧杯中分别放入仙人掌，再添加一些陶粒，将仙人掌栽入陶粒中。
3. 放入木片。
4. 将咖啡豆造型插牌、皮革插牌及棕榈丝球装饰在仙人掌周围。

制作要点

　　陶粒的性质与土壤基本相同，等到完全干燥后再浇水。注意不要浇水过量，否则会造成植物根部腐烂。

植物
- ⓐ 绯花玉
- ⓑ 锦丸
- ⓒ 般若
- ⓓ 雪晃
- ⓔ 海王丸

（以上均为仙人掌类）

材料
- ⓕ 漂流木
- ⓖ 水晶
- ⓗ 火山岩
- ⓘ 仙人掌专用土（轻石、珍珠岩、蛭石、堆肥等）
- ⓙ 轻石（直径1～1.5cm）

容器尺寸

外径15cm、高23cm

制作步骤 ——

1. 在容器底部铺一层轻石。
2. 确定好仙人掌和漂流木的位置后倒入仙人掌专用土，并将仙人掌栽种进去。
3. 倒入适量轻石，以填满仙人掌周围的空隙。
4. 放入火山岩和水晶，并调整好位置。

　　这是一个以漂流木为中心的带有些神秘感的微景观，漂流木的周围搭配了5个形状各异的仙人掌以及装饰水晶和火山岩。材料个性十足，选用的仙人掌也都较为矮小，看上去不但非常协调还具有一定的凝聚感。将它作为装饰品，一定会为房间增色不少。

GREEN BUCKER
（绿色支持者）

最高的玻璃烧杯中放入的是叶子略有卷曲的女王头。三个容器高度不
同，木丝、棕椰丝放置的高度大致相同，而三种空气凤梨的高度略有差异，
将三个玻璃烧杯排成一排，极富律动美感。

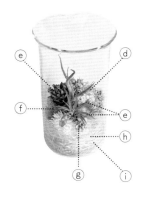

植物
- ⓐ 女王头
- ⓑ 精灵
- ⓒ 贝可利

（以上均为空气凤梨）

材料
- ⓓ 干苔藓
- ⓔ 干花或永生花（羽毛菊、秘鲁胡椒、满天星、澳洲米花、雏菊等）
- ⓕ 永生苔藓
- ⓖ 松果（可根据喜好选择其他果实）
- ⓗ 漂白的棕椰丝
- ⓘ 木丝

容器尺寸

小容器
外径9.2cm、高12.1cm
中容器
外径7.7cm、高15cm
大容器
外径10cm、高19.5cm

制作步骤 ——
1. 在容器底部铺一层木丝。
2. 将棕椰丝团成小球放入容器中。
3. 放入干花、果实、干苔藓和永生苔藓。
4. 最后分别将空气凤梨女王头、精灵、贝可利放入不同容器。

玻璃容器中的几种仙人掌竞相媲美，趣味盎然。将较小的仙人掌放在容器的前面，容器中部和后面摆放的是较高的仙人掌，非常具有层次感。制作的关键点是将火山岩堆积在容器的后方，将紫水晶装饰在显眼的位置。

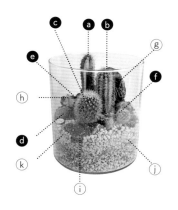

植物

ⓐ 金青阁
ⓑ 大凤龙
ⓒ 白美人
ⓓ 武伦柱
ⓔ 金晃丸
ⓕ 玉翁
（以上均为仙人掌类）

材料

ⓖ 漂流木
ⓗ 火山岩
ⓘ 紫水晶
ⓙ 仙人掌专用土
　（轻石、珍珠岩、蛭石、堆肥等）
ⓚ 轻石

容器尺寸

外径18cm、高19cm

制作步骤

1. 在瓶底铺一层轻石。
2. 放入仙人掌和漂流木，然后倒入仙人掌专用土。
3. 放入适量的轻石和火山岩。
4. 将紫水晶放在容器的前面。

将牛仔布、皮革等常见的材料与植物搭配在一起，制作出一个富有个性的玻璃容器微景观，并且还可以体验到手工制作的乐趣。将这个充满趣味的微景观摆放在玄关处，用来迎接客人的到来。

植物
ⓐ 女王头
ⓑ 精灵
（以上均为空气凤梨）

材料
ⓒ 漂流木
ⓓ 皮革插牌
ⓔ 用牛仔布和铁丝制作的圆形饰品
ⓕ 贝壳
ⓖ 白砂

容器尺寸
外径9cm、高14cm

制作步骤 ————
1. 在瓶底铺一层白砂。
2. 放入漂流木、贝壳、皮革插牌及圆形饰品，并调整好位置，使整体看上去美观自然。
3. 最后放入空气凤梨女王头和精灵。

曲线优美的玻璃容器使微景观显得更加精致华丽。选用大量干花装饰微景观，在制作时注意漂流木与植物的位置，尽量突显出女王头的动感。这个微景观作品高雅大方，适合摆放在用于招待客人的地方。

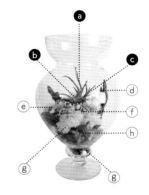

植物
ⓐ 女王头
ⓑ 精灵
ⓒ 贝可利
（以上均为空气凤梨）

材料
ⓓ 漂流木
ⓔ 干花或永生花（蜡菊、银芭菊、雏菊等）
ⓕ 干苔藓
ⓖ 永生苔藓（白色、棕色）
ⓗ 棕椰丝

容器尺寸
外径21cm、高55cm

制作步骤
1. 将一些永生苔藓放入玻璃容器底部。
2. 放入漂流木。
3. 将棕椰丝、干花、干苔藓和永生苔藓放在漂流木上面。
4. 最后将空气凤梨女王头、贝可利和精灵放在容器中央。

制作要点
选用的容器较大时，需注意确保植物和各种材料搭配均衡。将矮小的素材放在容器前面，高大的放在容器后面，这种前低后高的结构会较为美观平衡。

外形优美的贝可利和精灵可以与任何素材协调地搭配在一起。空气凤梨与松果或木芙蓉果实的搭配，会营造出一种秋季的氛围。棕色果实也适合与红色系干花搭配在一起。

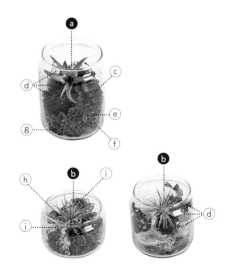

植物

ⓐ 贝可利

ⓑ 精灵

（以上均为空气凤梨）

材料

ⓒ 果实（松果、木芙蓉果实等，也可根据喜好选择其他果实）

ⓓ 干花（绣球花、蜡菊、满天星、蓝刺头等）

ⓔ 绿色的干苔藓

ⓕ 棕椰丝

ⓖ 树皮

ⓗ 短树枝

ⓘ 干苔藓（白色、棕色）

容器尺寸

小容器外径9cm、高11cm

中容器外径9cm、高14cm

大容器外径9cm、高17cm

制作步骤

1. 在容器底部铺一层树皮。

2. 轻轻地将棕椰丝团成球后放入容器中。

3. 放入果实、干花、干苔藓和短树枝，并确保各种素材搭配均衡。

4. 将贝可利和精灵分别放入容器。

GREEN BUCKER
（绿色支持者）

实验室里的怀旧烧杯变成了可爱的室内装饰品。选用的素材以白色系为主，搭配柔和的淡色调植物极具美感。最后加入一朵颜色鲜艳的干花点亮整个微景观。

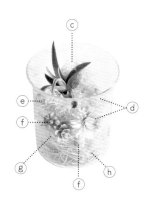

植物
- ⓐ 贝可利
- ⓑ 精灵

（以上均为空气凤梨）

材料
- ⓒ 永生苔藓（白色）
- ⓓ 干花或永生花（绣球花、蜡菊、澳洲米花、雏菊等）
- ⓔ 干苔藓
- ⓕ 松果（可根据喜好选择其他果实）
- ⓖ 漂白的棕榈丝
- ⓗ 木丝

容器尺寸
小容器外径7cm、高11cm
中容器外径8cm、高13cm
大容器外径10cm、高14.5cm

制作步骤 ———
1. 在容器底部铺一层木丝。
2. 将棕榈丝团成球后放入容器中。
3. 放入永生苔藓、干花、干苔藓和果实。
4. 将空气凤梨贝可利和精灵分别放入容器中。

充 分 活 用 当 季 素 材

　　装饰在家居中的微景观每天都能看到，所以想把一年四季的变化都收纳到这个小小的瓶中世界。从熟悉的手边材料中寻找能体现不同季节的材料吧。

① 果实（松树果实、水杉果实）
② 干花（银苞菊）
③ 贝壳
④ 干花（澳洲米花）
⑤ 永生苔藓
⑥ 永生花（雏菊）
⑦ 柏木片

　　可用于制作玻璃瓶微景观的素材不仅仅局限于新鲜植物、石头、树枝等，仔细观察就会发现，在我们周围有很多可以使用的素材。特别是如果能够选用一些具有季节感的素材，就可以通过小小的微景观体会到季节变换带来的乐趣。比如，秋季可以收集路边的松果或橡子，而夏季可以将在海边拾到的贝壳洗干净晾干后作为素材。能够营造出冬季氛围的时尚干花则可以自己动手制作，或将鲜花倒挂晾干，或用硅胶等干燥剂辅助制作。色泽鲜亮的永生花可以轻松营造出春天的氛围，与亮色系的木片也十分相配。

　　将随手收集来的素材用于制作玻璃瓶微景观，也可以唤起当时的美好回忆。

容器里密集地栽种着叶片直立向上生长的蓝松，显示出植物蓬勃的生命
力。在白沙上面再放一圈白色的装饰石头，给人带来清爽之感。蓝松是叶形极
具特色的菊科千里光属植物，即使不搭配任何材料也非常耐看。

植物

ⓐ 蓝松（多肉植物）

材料

ⓑ 白色的石头
ⓒ 砂子

容器尺寸

外径6.5cm、高14cm

制作步骤

1. 在容器底部铺一层厚度约3cm的
   砂子。
2. 放入蓝松并在其四周倒入砂子，
   固定植物。
3. 在蓝松周围再放一圈石头。

这个微景观选用了一个大型的玻璃容器，打造出了如同森林一般的景象。圆盖阴石蕨叶片静静地向四周展开，蓬松的白发藓根茎发白，细叶榕的叶片呈深绿色且质感厚重，这些各具特色的植物成为这个微景观的亮点。

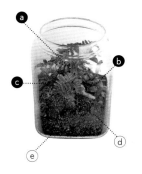

植物
ⓐ 圆盖阴石蕨
ⓑ 细叶榕苔藓
ⓒ 白发藓

材料
ⓓ 赤玉土与营养土的混合土
ⓔ 黑砂

容器尺寸
外径14cm、高20cm

制作步骤
1. 在容器底部铺一层厚度约 1cm的黑砂。
2. 再铺一层厚度约3cm的赤玉土与营养土的混合土。
3. 放入圆盖阴石蕨和细叶榕。
4. 在圆盖阴石蕨的下方铺上白发藓。
5. 再添加一些混合土，高度与白发藓平齐。

植物
- ⓐ 文竹
- ⓑ 百万心（多肉植物）
- ⓒ 白发藓

材料
- ⓓ 小摆件
- ⓔ 水苔

容器尺寸
外径10cm、高15cm

制作步骤

1. 在容器底部铺一层厚度约2cm的湿润水苔。
2. 清理文竹根部的残土，并用水苔包裹根部，然后放入容器中。
3. 百万心经过与文竹相同的处理后也放入容器中。
4. 铺一层白发藓。
5. 用热熔胶将小摆件粘贴在半圆形木块上，然后放入容器，固定在苔藓中。

制作要点

白发藓不要完全平铺在容器中，而是将其分块铺在不同的区域里，打造出如同山丘般的起伏感。

微景观选用了给人以清凉感的文竹以及叶形可爱的百万心。此外，将苔藓分块铺在不同的区域，如同被植被覆盖的山峰一般，具有极佳的治愈效果。随着植物不断生长，景致也会产生一些变化，此时可装饰一些与之搭配的小摆件。

如果空间有限，可将玻璃瓶微景观重叠放置，并且可以通过调换顺序，欣赏到不同风格的微景观。拟石莲花属和伽蓝菜属植物到了秋季叶片都会变红，因此也可体验到季节变化所带来的不同景色。

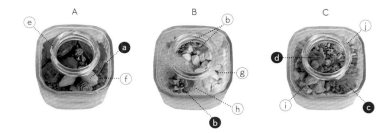

植物
a 拟石莲花属植物
b 伽蓝菜属植物
c 白发藓
d 玉露
（a、b、d为多肉植物）

容器尺寸
长8cm、宽8cm、高7cm

材料
e 黑色的石头
f 黑砂
g 白色的石头
h 白砂
i 灰色的石头
j 灰砂

制作步骤 ——
1. 在A、B、C容器底部分别铺一层砂石。
2. 分别放入多肉植物，并在其四周添加砂石，以固定植物。
3. 其中在C容器中加入白发藓。
4. 在多肉植物周围的空隙处加入石头作为装饰。

单独将姬凤梨放在玻璃瓶中，可爱的姬凤梨就成了玻璃瓶中的美丽焦点。姬凤梨有多种颜色，并且叶子上带有斑点或条纹，非常适合与砂石搭配在一起。将几个装有姬凤梨和砂石的玻璃瓶排成一排，看上去十分美观且别致。

植物
ⓐ 姬凤梨

材料
ⓑ 黑砂
ⓒ 灰砂

容器尺寸
外径6.5cm、高14cm

制作步骤
1. 在瓶底铺一层厚度约1cm的砂石。
2. 将姬凤梨放入瓶中，并用镊子将根部埋入砂石中。
3. 再倒入厚度约1cm的砂石，制作完成。

制作步骤
　如果姬凤梨的叶子过于向四周伸展，在放入容器的过程中容易受到损伤。因此在将其放入容器前，最好将下方较大的叶子剪掉。

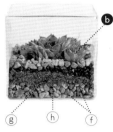

PIANTA×STANZA

（皮安塔 × 斯坦扎）

这是两个手掌般大小的玻璃瓶微景观。制作的关键是要从侧面能看到漂亮的层次变化。青锁龙属和长生草属植物都喜光，日照充足的话，都可开花。所以最好将其摆放在窗边，也可放在手上把玩，仔细欣赏植物的生长变化。

植物

ⓐ 青锁龙属植物
ⓑ 长生草属植物
（以上均为多肉植物）

材料

ⓒ 白色的石头
ⓓ 白色的碎石
ⓔ 白砂
ⓕ 灰色的碎石
ⓖ 黑砂
ⓗ 种植土

容器尺寸

大容器
长7cm、宽7cm、高7cm
小容器
长6cm、宽6cm、高6cm

制作步骤

1. 在容器底部铺一层厚度约1cm的砂石。
2. 在小容器中装入一些种植土。
3. 继续倒入砂石，然后将植物放入容器中。
4. 沿着容器的边沿慢慢地放入石头。

植物

ⓐ 若绿
ⓑ 青锁龙属植物
ⓒ 百万心
（以上均为多肉植物）

材料

ⓓ 鹿沼土（小粒）
ⓔ 赤玉土（小粒）

容器尺寸

外径6.5cm、高14cm

制作步骤

1. 在玻璃瓶底铺一层赤玉土。
2. 将多肉植物放入瓶中，然后在植物的周围倒入一些赤玉土。
3. 最后倒入鹿沼土，加固植物。

　　多肉植物种类繁多，大小及外形都各不相同。容器中密集地混栽了3种叶片形态各异的多肉植物，只看一眼就会被吸引住。这个富有个性的微景观即使一直欣赏也不会产生审美疲劳。

这组玻璃瓶微景观的主题是农场故事。苔藓铺就的草地上人和动物摆件是主角，再添加上树枝和石头等，小小的玻璃瓶空间里仿佛发生着很多有趣的故事。可将几个形态各异的玻璃容器陈列在一起，打造出一个属于自己的故事。

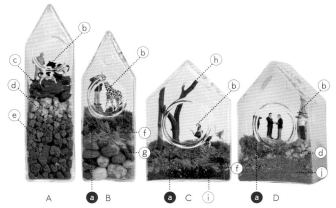

植物
ⓐ 白发藓

材料
ⓑ 小摆件	ⓔ 赤玉土（中粒）	ⓗ 树枝
ⓒ 树皮	ⓕ 水苔	ⓘ 黑砂
ⓓ 碎石	ⓖ 石头	ⓙ 砂子

容器尺寸
A 容器长7cm、宽7cm、高7cm
B 容器长6cm、宽6cm、高6cm
C、D 容器长6cm、宽6cm、高6cm

制作步骤

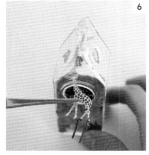

A容器
1. 在A容器中依次放入赤玉土、碎石和树皮。
2. 用热熔胶将人物和动物小摆件粘贴在树皮上，然后放入容器中。

B、C、D容器
1. 将砂石等放入容器中，打造出层次感。
2. B、C容器中放入水苔。
3. 铺一层白发藓。
4. 用热熔胶将人物和动物小摆件粘贴在石头或树枝上，然后放入容器中。
5. 如果想将摆件放在苔藓上面，可先在摆件底部固定铁丝。
6. 然后将摆件底部的铁丝插入苔藓中即可。

作品 048 —— 049

将多肉植物、苔藓和奶牛小摆件放入带有软木塞的弧形玻璃瓶中，呈现出动物在草原上觅食的景象。另外一个玻璃瓶中的多肉植物看上去如同水草一般，在水中飘摇生长。巧妙利用瓶子的形状可使瓶内的空间被放大，而将多肉植物摆放在容器的左右两侧会更容易形成画面感。

植物

- ⓐ 莲花掌属植物
- ⓑ 若绿
- ⓒ 蓝松
- ⓓ 百万心
- ⓔ 白发藓

（a、b、c、d均为多肉植物）

容器尺寸

外径7cm、高7cm

材料

- ⓕ 石头
- ⓖ 灰色的碎石
- ⓗ 黑砂
- ⓘ 动物小摆件
- ⓙ 白色的碎石
- ⓚ 白砂

制作步骤

A容器

1. 在容器底部铺一层黑砂。
2. 放入灰色的碎石，然后将莲花掌属植物和若绿放在上面。
3. 在多肉植物周围和空余的地方摆放上装饰石头。

B容器

1. 在容器底部铺一层白砂。
2. 放入白色的碎石，然后将蓝松和百万心放在上面。
3. 将白发藓淋湿后放入容器中。
4. 用铁丝将奶牛摆件固定在苔藓上（固定方法见69页）。

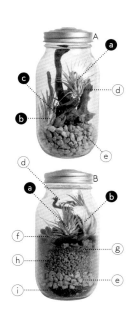

利用漂流木和砂石打造出沙漠或海岸边的景色，再加上赤玉土或种植土，会显得更加自然。将空气凤梨放在漂流木的分枝处和底部，构成三角形结构，以获得较好的稳定性和平衡性。

植物

ⓐ 精灵
ⓑ 开普特
ⓒ 小蝴蝶
（以上均为空气凤梨）

材料

ⓓ 漂流木
ⓔ 灰色的碎石
ⓕ 黑曜石
ⓖ 赤玉土（小粒）
ⓗ 种植土
ⓘ 黑砂

容器尺寸

外径8.5cm、高19cm

制作步骤

A容器

1. 在瓶底铺一层厚度约5cm的碎石。
2. 将漂流木的一部分插入瓶底的碎石中固定住。
3. 将一个空气凤梨放在漂流木的分枝处，剩余的放在漂流木旁。

B容器

1. 在瓶底铺一层厚度约1cm的黑砂。
2. 依次放入碎石和赤玉土，厚度各2cm左右。
3. 放入厚度约1cm的种植土，然后放入一层黑曜石。
4. 将漂流木的一部分插入瓶底的砂石中固定住。
5. 将空气凤梨放在漂流木旁。

与圆形玻璃容器融为一体的苔玉无论从哪个角度看都非常柔软可爱。固定在苔玉上的植物，好像是从苔藓中开出的花朵一般，可爱且富有美感。这个微景观可悬挂在柜子上，或房间里的天花板上，无论装饰在何处都非常吸睛。

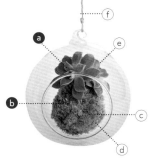

植物
- ⓐ 莲花掌属植物（多肉植物）
- ⓑ 白发藓

材料
- ⓒ 水苔
- ⓓ 丝线
- ⓔ 鱼线
- ⓕ 麻绳

容器尺寸
外径 10cm

制作步骤 ————

1. 清理植物根部的残土，然后用水苔包裹住根部。
2. 将根部的水苔团成小球，并用丝线缠绕固定（也可用铁丝）。
3. 用白发藓包裹缠好的水苔球，并用丝线缠绕，制成苔玉。
4. 将鱼线垂直地穿过苔玉中央，然后穿过玻璃容器左右两侧的两个小孔并打结，将苔玉悬挂在容器中。
5. 将麻绳系在容器上方的小孔上，可根据需要调整麻绳的长度。

养护要点 ————

这是一个将多肉植物与苔玉融合在一起的悬挂式玻璃微景观。平时可用喷壶喷洒苔玉表面来补充水分，偶尔可将苔玉浸泡在水中以快速吸收水分。

店铺

PIANTA×STANZA
（皮安塔×斯坦扎）

这个微景观作品用多肉植物和小鸭子摆件描绘出一幅绿意盎然的河边景象，容器内侧的白发藓、小树枝和干苔藓等则描绘出了森林中的一角。在河边或森林场景中加入人物或栅栏摆件，会使景象更加生动鲜明。多肉植物可选用爱星，这个品种到了春季会开出可爱的粉色花朵。

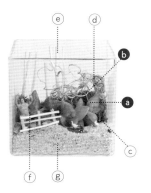

植物

a 爱星
　（多肉植物）
b 白发藓

容器尺寸

长6cm、宽6cm、高5cm

材料

c 水苔
d 干苔藓
e 小树枝
f 小摆件
g 白砂

制作步骤

1. 在容器底部倒入白砂。
2. 将多肉植物爱星放入容器。
3. 再倒入少量的白砂，将植物固定在白砂中。
4. 将湿润的白发藓放入容器。
5. 依次放入水苔、小树枝和干苔藓。用镊子压实水苔的四角，防止其活动，小树枝也要固定在白砂中。
6. 用铁丝将固定好的小摆件插入白砂里（固定方法见69页）。小鸭子要先用热熔胶粘贴在石头上，再放在白砂上。

植物图鉴

空气凤梨/苔藓/多肉植物和仙人掌类/其他植物

这一部分将详细介绍本书微景观作品中使用到的部分植物，并推荐
适用于制作玻璃瓶微景观的植物。希望提供一些挑选植物时的参考。

空气凤梨

【鸡毛掸子】

学名 *Tillandsia tectorum*

凤梨科铁兰属

鸡毛掸子的外形如同毛线球，细长
的叶子呈放射状向四周伸展。覆盖
在叶片表面的银白色绒毛状鳞片被
称为毛状体，能够吸收空气中的水
分。鸡毛掸子有从15~60cm不等
的尺寸。春夏季每周喷水2~3次，
冬季每周1次。

【女王头】

学名 *Tillandsia caput-medusae*

凤梨科铁兰属

女王头因其弯弯曲曲的外形酷似希
腊神话中的蛇发女妖美杜莎而得名。
也正如其名，扭曲生长的叶子是女
王头最主要的特征。女王头属于银
叶空气凤梨，叶片表面覆盖有绒毛
状的鳞片。每周喷水2~3次，待根
部水分晾干后再放回容器中。

【精灵】

学名 *Tillandsia ionantha*

凤梨科铁兰属

精灵是银叶空气凤梨中较大型的品
种。"ionantha"在拉丁语中意为
"紫罗兰"，这源于从植株中央开出
的细长且艳丽的紫色花朵。开花
时，叶子会变为鲜红色或黄色，增
加了观赏价值。精灵的变种较多，
既有小型变种，也有大型变种。每
周喷水1~2次，待表面水分晾干
后再放回容器。

【小狐尾】

学名 *Tillandsia funckiana*

凤梨科铁兰属

小狐尾是银叶空气凤梨的代表品
种。细如钢针的叶子自根部开始沿
着茎部伸展，其中有些茎节之间会
长出子株呈现出丛生状态。叶子看
上去如同松针般锋利，但其实触感
非常柔软。小狐尾生长到10cm左
右时会开出红色的大花。每周喷水
2次，不耐寒，冬季应保持温度在
10℃以上。

【福果精灵】

学名 *Tillandsia ionantha Fuego*

凤梨科铁兰属

福果精灵是精灵的变种，开花时叶
子会变成鲜艳的颜色，也因此而得
名"fuego"，"fuego"在西班牙
语中意为"火焰"。图中的福果精
灵基部丛生植株，并且子株越多，
开花越美丽。每周喷水1~2次。

【松萝铁兰】

学名 *Tillandsia usneoides*

凤梨科铁兰属

松萝铁兰属于银叶空气凤梨，外形
长而卷曲，像垂落的卷发。松萝铁
兰在原生地通常附生于树木下垂
生长，所以我们最好将其悬挂起来
培育养护。松萝铁兰生长到30~
50cm时，可开小花。每周喷水2
~3次，之后置于通风处晾干。

【大狐尾】

学名 *Tillandsia heteromorpha*

凤梨科铁兰属

大狐尾属于银叶空气凤梨中的珍贵品种。大狐尾与小狐尾外形相似，但叶子更长，且向外展开。如果生长状态良好，茎会长得很长，且茎节之间会萌生出很多新芽，形成丛生的状态。大狐尾花期较短，粉色的花苞与紫色的花朵呈现出美丽的渐变色调。每周喷水1~2次。

【粗糠】

学名 *Tillandsia paleacea*

凤梨科铁兰属

粗糠属于银叶空气凤梨中的珍稀品种。茎较长，叶片略厚，展现出独特的风格。叶面覆盖大量白色绒毛状的鳞片，因此整体呈现出白色。随着茎部不断伸长和分枝，会产生大量子株，呈现出丛生的状态。每周喷水1~2次。

苔藓

【东亚砂藓】

学名 *Racomitrium japonicum*

紫萼藓科砂藓属

东亚砂藓星形般的叶子通常呈聚集状态。它是一种比较耐旱的苔藓，即使在阳光下也能生长，在中国、日本等分布广泛。它可以直立向上生长，但达到3~5cm时即停止生长。每两周在表面喷水1次。

【刺边小金发藓】

学名 *Pogonatum cirratum*

金发藓科小金发藓属

刺边小金发藓是与金发藓同科相近的品种。其立直生长，细叶簇生的姿态与杉树相似，因此也被称为杉叶藓。细长的孢子体从茎部长出，前端产生孢子。由于刺边小金发藓不耐干燥，尽量为其提供一个密闭的环境，同时注意调节温度，避免温度过高。每周喷水1次。

【大凤尾藓】

学名 *Fissidens nobilis*

凤尾藓科凤尾藓属

大凤尾藓的叶子自茎部向左右两侧伸展，看上去如同凤凰的羽毛一般，因此得名。大凤尾藓通常生长于山间或水边的岩石等处。由于在水中也可以生长，人们常常用它来装饰鱼缸。为避免其表面干燥需时常喷水。

【蛇苔】

学名 *Conocephalum conicum*

蛇苔科蛇苔属

蛇苔因革质叶片上的花纹酷似蛇皮而得名，宽大的叶片匍匐于地面向外伸展。叶片内侧密生细如丝线的白色根状茎，依靠这些根状茎可以牢牢地扎根土中。每两周均匀地喷水1次。

【暖地大叶藓】

学名 *Rhodobryum giganteum*

真藓科大叶藓属

暖地大叶藓在日语中被称为大伞苔，名字源于如同雨伞一样张开的叶子。暖地大叶藓叶子嫩绿，晶莹且有光泽，是苔藓中极具美感的品种。由于根茎较长，栽种时注意避免破坏根茎。每两周均匀地喷水1次。

【白发藓】

学名 *Leucobryum glaucum*

白发藓科白发藓属

白发藓是园艺中最受欢迎的苔藓品种，园艺店中都有出售。通常被称为白发藓的苔藓还有两种，一种是狭叶白发藓，另一种是桧叶白发藓。在苔藓中，白发藓属于比较耐干燥的品种，因此常作为制作盆景和苔玉的材料。对环境的要求会根据与之搭配的苔藓品种有所差异，通常情况下最好将其放置于密闭容器中。每两周均匀地喷水1次。

多肉植物和仙人掌类

【铺地锦竹草】

学名 *Callisia repens*

鸭跖石科锦竹草属

春秋型

铺地锦竹草是原产于中南美洲的多肉品种，别称翠玲珑。小叶似玫瑰般重叠生长，叶子还会变为红色。随着铺地锦竹草不断向四周延伸生长，容器会略显狭窄，此时则需要进行移栽。浇水要适度，每两周浇水1次，尽量保持略微干燥的状态。

【筒叶花月】

学名 *Crassula portulacea f. monstrosa*

景天科青锁龙属

春秋型

筒叶花月的棒状叶嫩绿且有光泽，阳光充足时叶子顶端略带红色。随着它不断生长，下方的叶子会逐渐掉落，茎会变得如树干一般凹凸不平，非常奇特。每两周浇水1次，冬季根据情况可适当减少浇水量。

【玉蝶缀化】

学名 *Echeveria secunda*

景天科拟石莲花属

春秋型

缀化是植物中常见的变异现象，由于植物顶端发生变异导致生长点不分开，因此茎部顶端呈带状生长，最终成为形态奇异，极具观赏价值的品种。秋季到春季玉蝶叶子会变为红色，春夏季可开小花。生长期每周浇水1次，休眠期两周浇水1次。

【紫勋】

学名 *Lithops lesliei*

番杏科生石花属

冬型

紫勋是一种株型奇特的生石花，肥大的对生叶十分可爱。秋季开花，冬春季会出现蜕皮现象，蜕皮期间需减少浇水量，以免造成新芽蜕皮。移栽时可进行分株繁殖。每两周浇水1次。

【玉露】

学名 *Haworthia obtusa*

百合科十二卷属

春秋型

玉露的叶子肉质且晶莹圆润，在阳光下呈现出半透明状。日常养护时需放在室内光线充足的地方，但要避免阳光直射。此外，如果光照不足，可能会引起茎叶徒长。每周浇水1次，冬季根据情况可适当减少浇水量。

【刺玉露】

学名 *Haworthia pilifera*

百合科十二卷属

春秋型

十二卷属植物的外形富于变化，极具个性。刺玉露的外形也极具个性，叶子上密生细长小毛。基部子株丛生，可通过分株或叶插（将剪下的叶子插入土中）来进行繁殖。每两周浇水1次，冬季根据情况可适当减少浇水量。

【星美人】

学名 *Pachyphytum oviferum*

景天科厚叶草属

春秋型

圆润的肉质叶上被有浓厚的白粉，姿态优美。随着叶子逐渐增多，直立生长的茎部可能会不堪重负，因此可从茎基部分株，避免长得过高。秋季星美人的叶子会变为淡粉色。每两周浇水1次，可保持略微干燥些。

【褐斑伽蓝】

学名 *Kalanchoe tomentosa*

景天科伽蓝菜属

春秋型

伽蓝菜属植物叶形多样，褐斑伽蓝因其叶子形似兔耳，密被绒毛，又被称为月兔耳。椭圆形的叶子顶端带有锯齿，叶片边缘为深褐色。褐斑伽蓝是多肉植物中较喜光的品种，但要避免阳光直射。每两周浇水1次，冬季根据情况可适当减少浇水量。

【月笛丸】

学名 *Mammillaria martinezii*

仙人掌科乳突球属

月笛丸表面密被白色针状小刺，圆乎乎的外形十分可爱。自基部可生出子株，冬季开粉色小花。月笛丸较喜光，白天应尽量将其放置于窗边等光照充足之处。每两周浇水1次，浇水量不宜过多。夏季需避免容器中温度过高。

【魁伟玉】

学名 *Euphorbia horrida*

大戟科大戟属

春夏型

魁伟玉肉质茎棱上带有小刺，外形与仙人掌相似，但却不是仙人掌。"horrida"在拉丁语中有"长满小刺的"的含义。这些小刺是花朵枯萎后留下的花柄，花瓣凋落后，花柄却始终保留着。在春夏生长季可待土壤干燥后再浇水，冬季则要减少浇水量。

【蛾角】

学名 *Huernia brevirostris*

萝藦科剑龙角属

蛾角的茎呈棒状，带有小刺，通常为嫩绿色，冬季则变为紫红色。夏季基部会开出黄色的星形小花。夏季应将其放置于通风良好之处，每月浇水3次左右。

【桃太郎】

学名 *Echinocereus pentalophus*
cv.momotarou

仙人掌科鹿角柱属

桃太郎是仙人掌科植物中无刺的杂交品种。肉质茎上带有发白的刺座。春季，茎顶端可长出花蕾，开出粉色的大花。选择具有良好透气性的容器栽种桃太郎，夏季将其放置于通风良好之处。每个月约浇水3次左右。

【紫太阳】

学名 *Echinocereus rigidissimus*

仙人掌科鹿角柱属

紫太阳茎直立，呈短圆筒状，顶部紫红色，英文名为Rainbow Cactus（彩虹仙人掌）。初春开粉色大花，基部可生出子株。养护管理时应将紫太阳放置于光照充足的地方，每个月浇水3次左右，冬季可根据情况减少浇水。

【恐龙丸】

学名 *Gymnocalycium horridispinum*

仙人掌科裸萼球属

恐龙丸的学名意为"恐怖的刺"，因为其表面生长着毫无规则的硬刺，日语名称是恐龙丸。虽然它的外形带有一些攻击性，但其实植株会在顶端开出艳丽的粉色大花，是同属中最美丽的植物。每2~3周浇水1次，冬季需减少浇水量。

其他植物

【疏叶卷柏】

学名 *Selaginella remotifolia*

卷柏科卷柏属

疏叶卷柏在日语中带有"苔藓"之意，但实际上属于蕨类植物。疏叶卷柏喜好潮湿，其生长的环境与苔藓相似，常群生于背阴处或岩石下方等阳光照射不到的地方。形似米粒的叶子自茎部向左右两侧匍匐于地面生长。养护方法也与苔藓相似，每两周喷水1次。

【石松】

学名 *Lycopodium japoricum*

石松科石松属

石松属于蕨类植物，常生长于热带雨林等环境潮湿的地区。其弯曲下垂的生长姿态十分特别。与苔藓相似，石松也喜欢潮湿的环境，适合栽种在玻璃容器中。每2~3周喷水1次，冬季需减少浇水量。